电力科普
百问百答

国网四川省电力公司技能培训中心
四 川 电 力 职 业 技 术 学 院 编
四川省电机工程学会科普工作委员会

黄河水利出版社
·郑州·

内 容 提 要

本书依据《中华人民共和国电力法》及相关国家标准、行业标准、企业标准等，以四川省为例，按照一问一答的形式，从大电网、电费电价、用电业务办理、电能计量、科学用电等方面，对电力基础知识进行详细分析和解读。

本书可供电力行业职工、广大电力用户及普通民众学习参考。

图书在版编目(CIP)数据

电力科普百问百答/国网四川省电力公司技能培训中心，四川电力职业技术学院，四川省电机工程学会科普工作委员会编．—郑州：黄河水利出版社，2021．4

ISBN 978－7－5509－2972－2

Ⅰ．①电…　Ⅱ．①国…　②四…　③四…　Ⅲ．①电力工业－问题解答　Ⅳ．①TM－44

中国版本图书馆 CIP 数据核字(2021)第 074656 号

组稿编辑：田丽萍　电话：0371-66025553　E-mail：912810592@qq.com

出 版 社：黄河水利出版社　　网址：www.yrcp.com

地址：河南省郑州市顺河路黄委会综合楼 14 层　　邮政编码：450003

发行单位：黄河水利出版社

发行部电话：0371－66026940、66020550、66028024、66022620(传真)

E-mail：hhslcbs@126.com

承印单位：河南瑞之光印刷股份有限公司

开本：890 mm×1 240 mm　1/32

印张：3.25

字数：100 千字　　印数：1—1 500

版次：2021 年 4 月第 1 版　　印次：2021 年 4 月第 1 次印刷

定价：40.00 元

《电力科普百问百答》编委会

主　　编：朱　康

副 主 编：王　蓉　向　倩　张　里

编写人员：李　静　高　犁　吴晓东
王亚男　谢明鑫　李　佳
刘俊南　雷晶晶　高　建
梁　英

前　言

电力与我们的生活息息相关,人们对其的依赖性也越来越强。我国电网建设规模越来越大,电网的质量不断提升,不论是对电力从业者,还是普通民众,了解电力的相关知识尤为重要。

本书以问答的形式,从大电网、电费电价、用电业务办理、电能计量、科学用电等方面对电力基础知识进行了详细分析和解读。其主要特色在于既是行业技术类的书籍,又起到面向大众科普的作用。

本书参考了现行的《中华人民共和国电力法》,相关国家标准、行业标准和企业标准及相关专业资料,若各类标准有变更,以新标准为准。

本书由国网四川省电力公司技能培训中心、四川电力职业技术学院、四川省电机工程学会科普工作委员会组织编写。

编　者

2021 年 1 月

目　录

1. 发电厂发出的电是怎么进入千家万户的？ …………………… 1
2. 交流电和直流电的区别是什么？交流输电和直流输电的区别是什么？ …………………………………………………… 2
3. 什么是径流式水电站、调节式水电站？ …………………… 3
4. 四川水电资源够用吗？ ………………………………………… 4
5. 什么是特高压直流输电？目前四川境内运营的特高压直流输电线路有哪些？ ……………………………………… 4
6. 四川水电弃水的主要原因是什么？国家电网公司采取了哪些措施解决弃水问题？ …………………………………… 5
7. 四川水电富裕存在大量弃水，城市部分区域在用电高峰期却拉闸限电，是怎么回事？ ……………………………… 6
8. 为什么要建设特高压电网？ ………………………………… 7
9. 什么是特高压交流输电？其相对于传统输电方式有什么优势？ …………………………………………………………… 8
10. 特高压交流输电发展滞后，会造成什么影响？ ………… 9
11. 国家电网公司运营电网的规模多大？ ………………… 10
12. 采用大电网输电的优势是什么？ ……………………… 11
13. 电力系统的三道防线是什么？ ………………………… 11
14. 造成电网大停电事故的主要原因是什么？ …………… 13
15. 电网的"最强大脑"是谁？它的作用是什么？ ………… 14
16. 新能源机组大规模并网带来的主要问题有哪些？ ………… 14
17. 什么是微电网？微电网的作用有哪些？ ……………… 15

18. “清洁替代”“电能替代”指什么？ …… 16
19. 什么叫做坚强智能电网？其主要特点是什么？ …… 16
20. 智能电网的先进性主要体现在哪些方面？ …… 17
21. 为什么必须以坚强为基础来发展智能电网？ …… 18
22. 为什么要建设以特高压电网为骨干网架的坚强智能电网？ …… 19
23. 智能电网将给人们的生活带来哪些好处？ …… 21
24. 坚强智能电网建设分为哪三个阶段？ …… 22
25. 什么是电价？ …… 23
26. 制定电价应遵循的原则是什么？ …… 23
27. 四川现行销售电价按用电类别分为哪几类？ …… 25
28. 四川省“一户一表”居民阶梯用电分为哪几档？ …… 26
29. 低保户、五保户居民电价政策是什么？ …… 26
30. 什么是单一制电价？什么是两部制电价？ …… 26
31. 基本电费有几种计算方法？ …… 27
32. 目前四川省“一户一表”居民用户低谷时段优惠电价是多少？ …… 28
33. 国网四川省丰水期居民生活用电电能替代政策是什么？ …… 28
34. 工商业及其他用电电价的执行范围是什么？ …… 29
35. 大工业用户的电费是由哪几部分组成的？ …… 30
36. 电费违约金怎么计算？ …… 31
37. 电价交叉补贴是怎么回事？ …… 31
38. 什么是业扩报装？ …… 32
39. 业扩报装管理工作包括哪些环节？ …… 33
40. 业扩报装工作应按照什么原则开展？ …… 34
41. 低压非居民客户新装、增容收费标准是什么？ …… 36
42. 哪些属于低压非居民新装、增容客户？ …… 37
43. 哪些属于居民新装、增容客户？ …… 37
44. 高压客户竣工检验时应提交哪些资料？ …… 38

45. 什么是减容？减容的适用对象有哪些？减容有哪些分类？ …… 39
46. 短信订阅电费信息有什么好处？ …… 40
47. 手机短信订阅发送平台的号码是多少？ …… 40
48. 电费短信可以提供哪些信息？ …… 40
49. 短信订阅电费信息服务如何取消？ …… 41
50. 短信订阅电费信息功能适用于什么类型的客户？ …… 41
51. “营改增”后四川省电力公司对客户申请开具非电费类增值税专用发票资质有哪些要求？ …… 42
52. “营改增”后首次申请开具非电费类增值税专用发票客户需提供哪些资料？ …… 43
53. 居民客户电费发票遗失或因客户原因损坏,如何处理？ …… 45
54. 客户通过“国网四川省电力公司”支付宝生活号缴费,如何领取发票？ …… 46
55. 客户通过“国网四川省电力公司”支付宝生活号购电后,如何提示客户购电成功？ …… 46
56. 抄表周期是多长时间？ …… 47
57. 如何查询电费余额？ …… 47
58. 智能电能表居民客户可以通过哪些渠道缴费？ …… 48
59. 首次开卡购电时,有哪些注意事项？ …… 49
60. 如何使用购电卡购电？ …… 50
61. 预付费表购电卡丢失(或损坏)怎么办？ …… 51
62. 拨打供电服务电话95598,可以获得哪些服务？ …… 51
63. 哪些方式可以获知停电信息？ …… 54
64. 如何计量电能？计量单位是什么？计量方式有哪些？ …… 55
65. 电能计量装置安装在哪里？ …… 56
66. 电能表为什么有灯闪烁？ …… 57
67. 电能表自身耗能吗？费用由谁承担？ …… 58
68. 智能电能表有多灵敏？不用电时,为什么还走字？ …… 58

69. 智能电能表会多计费吗？为什么有些人换表后电费上涨了？ …… 59
70. 如何计算家用电器的耗电量？家用电器耗电量与功率的关系是什么？ …… 59
71. 智能电能表与传统电能表相比，有哪些新功能？ …… 60
72. 用电信息采集系统的普及应用有什么好处？ …… 61
73. 总电能表电量与分电能表电量之和不等，主要原因是什么？ …… 62
74. 计量差错及故障现象有哪些？ …… 62
75. 感觉电能表计量不准确时，应该怎么办？申请校验电能表的相关规定是什么？ …… 63
76. 春节期间，农村地区家庭用户电压低的原因是什么？ …… 64
77. 变电站对周边环境有没有危害？对人的身体到底有没有影响？ …… 64
78. 家庭生活中，如何安全用电？ …… 65
79. 如何选择家用电线？ …… 67
80. 居民用电私拉乱接有什么危害？ …… 68
81. 家庭用电为什么要选用合适的空气开关？ …… 69
82. 入户配电箱铭牌上的防护等级是什么意思？ …… 69
83. 屋里的“等电位联结端子箱”有什么作用？ …… 70
84. 为什么大功率家用电器的电源插头通常是三孔的？ …… 70
85. 国家对家用电器的安全要求是什么？ …… 71
86. 高温时节，用电注意事项有哪些？ …… 73
87. 电气火灾如何扑灭？ …… 75
88. 危害供电、用电安全，扰乱正常供电、用电秩序的行为有哪些？ …… 77
89. 哪些行为属于窃电？ …… 79
90. 如何处理窃电行为？ …… 79
91. 如何确定窃电量？ …… 80

92. 在发供电系统正常的情况下,供电公司为何终止供电? …… 81
93. 发现窃电或违约用电后,应该怎么办? …… 82
94. 如何科学用电? …… 83
95. 电动汽车充电模式有哪几类? …… 84
96. 公交集团用户来到供电营业厅办理大额电动汽车充电卡业务时,线下流程步骤有哪些? …… 85
97. 什么是智能家居?其主要特征有哪些? …… 86
98. 什么是智能小区?智能小区有哪些业务功能? …… 87
99.《国家电网公司供电服务"十项承诺"》的内容是什么? …… 88
100. 国家电网公司的企业精神是什么? …… 90

国家电网公司
STATE GRID CORPORATION OF CHINA

1. 发电厂发出的电是怎么进入千家万户的?

答:

发电厂是生产电能的工厂，发电厂将热能、水能、核能、风能、太阳能等各种一次能源或可再生能源，通过发电设备转换为电能，经过升压变电站变成高压电，由输电线路传送至目的地，再由降压变电站将电压降低到规定的等级，然后送到千家万户。

2. 交流电和直流电的区别是什么？交流输电和直流输电的区别是什么？

答：

直流电是指大小和方向都不随时间而变化的电流，而交流电是指大小和方向都随时间做周期性变化的电流。

直流输电的优点

❶当输送相同功率时，直流线路造价低，架空线路杆塔结构较简单，线路走廊窄，同绝缘水平的电缆可以运行于较高的电压。

❷直流输电的功率和能量损耗小。

❸直流输电对通信干扰小。

直流输电的缺点

❶直流输电的换流站比交流系统的变电站复杂、造价高、运行管理要求高。

❷换流装置（整流和逆变）运行中需要大量的无功补偿。

交流输电的优点

❶交流电源和交流变电站与同功率的直流电源和直流换流站相比，造价大为低廉。

❷交流电可以方便地通过变压器升压和降压，这给配送电能带来极大的方便。

交流输电的缺点

❶交流输电线路存在电容电流，引起损耗。

❷交流输电比直流输电发生故障多。

3. 什么是径流式水电站、调节式水电站？

答：

当来水流量大于电站水轮机过水能力时，水电站满出力运行，多余的水量不通过机组发电，直接经泄水道泄向下游，称为弃水；当来水较少时，全部来水

通过机组发电，但有部分装机容量因缺水而未被利用。水电站的这种运行方式称为径流发电。

与径流式水电站相对应的是调节式水电站，其运行方式是用水库调节径流，据用电要求发电：来水多于需要时，水库蓄水；不足时，水库补水。

4. 四川水电资源够用吗？

答：

四川省水电资源蕴藏量约1.143亿kW，技术可开发量约1.12亿kW，居全国首位。四川水电基地是国家“十二五”规划纲要确定的五大综合能源基地的重要组成部分。四川水电资源主要集中在金沙江、雅砻江、大渡河三大流域，以及嘉陵江、岷江等中小流域。

5. 什么是特高压直流输电？目前四川境内运营的特高压直流输电线路有哪些？

答：

特高压直流输电是指±800 kV及以上电压等级的直流输电及相关技术。

目前四川境内有三条特高压直流线路，复奉（复龙—奉贤）、锦苏（锦屏—苏南）、宾金（宜宾—金华）直流输送功率分别达640万kW、720万kW、750万kW，进入满功率运行状态后，每天向东部发达地

区输送电量 5.19 亿 kW · h，相当于每天减少原煤消耗约 23 万 t，减少二氧化碳排放约 49 万 t。

6. 四川水电弃水的主要原因是什么？国家电网公司采取了哪些措施解决弃水问题？

答：

原因

❶水电快速发展、电力需求增长缓慢。

❷汛期来水偏丰，低谷时段电力系统安全运行需要水电调峰弃水。

❸水电外送通道建设潜力可挖。

❹省内网架约束影响消纳。

❺电压支撑火电机组未按最小技术出力运行。

解决措施

❶多用——大力发展大数据等绿色高载能企业，加快推进再电气化工作，实施电能替代工作。

❷送走——加大外送通道的建设，通过特高压输电线路，把电力送到全国各地。

❸控产——适度控制水电发展规模，适度建设一些流域可多年调节的龙头电站，同时清理取缔一批对生态环境有负面影响的小水电。

❹统筹——国家出台全国范围内消纳清洁能源配额制度，加大电力的产输销各个环节，以及风光火水各种电力类型的统筹调度力度，减少弃水。

7. 四川水电富裕存在大量弃水，城市部分区域在用电高峰期却拉闸限电，是怎么回事?

答:

一方面电量难以存储，特别是夜间用电低谷期造成大量发出来的电没人用白白浪费；另一方面，城区变电站设备数量少、负荷结构差和变电站分布不均，造成城市部分区域用电紧张。

8. 为什么要建设特高压电网？

答：

发展特高压输电技术，首先是中国经济社会发展的需要，因为特高压输电技术具有输送距离远、容量大、损耗低、效率高的特点，是其他电压等级所做不到的，同时也是我国经济社会发展对能源电力增长的需求所决定的；我国的能源资源主要分布在北部和西部，但用电最多的是东南部，这就要求把能源资源就地转变为电力，远距离输送，在全国范围来优化配置，所以需要发展特高压；四川有大量的水电资源，

需要远距离输送几千千米到东部，必须通过特高压电网向发达地区输送。

9. 什么是特高压交流输电？其相对于传统输电方式有什么优势？

答：

特高压交流输电是指 1 000 kV 及以上电压等级的交流输电及相关技术。

世界上第一条实现商业运行的特高压交流输电工程——晋东南—南阳—荆门 1 000 kV 特高压交流试验示范工程，输电能力达到 500 万 kW，每年可输送电量 250 亿 kW · h。相对于超高压（500 kV）交流输电，输送功率提高了 4 ~5 倍，最远送电距离延长了 3

倍，而损耗减少至 25% ~40%，可节省 60% 的土地资源。

10. 特高压交流输电发展滞后，会造成什么影响？

答：

直流故障将引起受端电网功率缺额，容易造成频率失稳，危及电网和设备运行安全。同步电网规模越大，共同响应支援的元件就越多，扰动带来的频率波动越小，承受能力越强。

特高压交流电网好比深水港，特高压直流输电线路好比万吨巨轮，只有深水港才能承载万吨巨轮。

11. 国家电网公司运营电网的规模多大?

答:

国家电网公司供电面积覆盖26个省(自治区、直辖市),占中国国土面积的88%,服务人口超过11亿人,是全球最大的公用事业企业。截至2017年,公司经营区内全社会用电量5.0万亿kW·h,最高用电负荷8.3亿kW,装机13.8亿kW。截至2017年底,110(66)kV及以上输电线路长度98.7万km,变电(换流)容量43.3千亿VA。

12. 采用大电网输电的优势是什么?

答:

更合理地利用系统中各类发电厂提高运行经济性，有利于远距离输送电能，刺激地方经济增长；可大大提高供电的可靠性，减少为防止设备事故引起供电中断而设置的备用容量；更合理地调配用电负荷，降低联合系统的最大负荷，提高发电设备的利用率，减少联合系统中发电设备的总容量；提高电网的安全稳定性，由于个别负荷和发电机在系统中所占比重减小，其波动对系统电能质量影响也减小；采用大电网运行可以输送大量的清洁能源到发达地区，减少空气污染和化石能源使用，有利于环境保护；相比于地方电网，大电网的电价更便宜。

13. 电力系统的三道防线是什么?

答:

第一道防线：快速可靠的继电保护、有效的预防性控制措施，确保电网在发生常见的单一故障时保持电网稳定运行和正常供电。对比交通网，假设一个城市有工业区、科技园区和住宅区共三个区域，他们之间有三条主要道路相连。工业区和科技园区就好比电网中的发电端，住宅区就好比电网中的受电端。每天下班有很多车辆从工业区和科技园

区开到住宅区。突然一条道路发生交通事故，地图就会在目前的路况信息中爆出红色区域，司机们绕道选择其他绿色线路返回家中。

第二道防线：采用稳定控制装置及切机、切负荷等紧急控制措施，确保电网在发生概率较低的严重故障时能继续保持稳定运行。对比交通网，假设工业区能够到达住宅区的路只有三条，由于首次事故导致另外一条道路压力增加，也出现了剐蹭事故。交管部门开始限制工业区出行车辆，提倡使用公共交通出行，从而保证科技园区干道通畅。

第三道防线：设置失步解列、频率及电压紧急控制装置，当电网遇到概率很低的多重严重事故而

稳定破坏时，依靠这些装置防止事故扩大，防止大面积停电。对比交通网，交通事故愈演愈烈，工业区的车辆涌向科技园区，科技园区压力过大，此时即将造成交通大堵塞，交通已近瘫痪（这种情况非常罕见）。为了维持正常的运行，在造成大堵塞之前，交管部门强制限制车辆出入。

14. 造成电网大停电事故的主要原因是什么？

答：

连锁故障是引发电网大停电事故的主要诱因。正常运行时，电网每个元件均承担一定的初始负荷，当某个或某几个元件因过负荷引发故障时，会

改变潮流分布并引起负荷在其余节点上的再分配，多余负荷将会转移到其余元件上。若这些原先正常工作的元件未能及时处理多余负荷，则会引起新一轮的负荷再分配，进而引发连锁过负荷故障，并最终导致电网大范围停电事故的发生。

15. 电网的“最强大脑”是谁？它的作用是什么？

答：

电网的“最强大脑”是电力调度控制中心。

它的作用：保证电网连续、稳定、正常运行，按照资源优化配置的原则，实现优化调度、节能调度，最大限度地满足用户的用电需要。按照管辖范围分为国调、网调、省调、地调、县调五级调度。

16. 新能源机组大规模并网带来的主要问题有哪些？

答：

❶大量新能源机组接入后，导致电网频率、电压稳定性下降。

❷新能源机组本身耐受电压和频率波动的能力低，容易导致大规模脱网。

❸新能源机组产生的次同步谐波引发次同步振荡。

❹特高压直流工程换相失败期间，送端电网电压或频率升高，存在新能源机组脱网风险。

17. 什么是微电网？微电网的作用有哪些？

答：

❶微电网是指由分布式电源、储能装置、能量转换装置、相关负荷和监控保护装置汇集而成的小型发配电系统，是一个能够实现自我控制、保护和管理的自治系统，既可以与外部电网并网运行，也可以孤立运行。

微电网是配电网的一部分，这片电网里面有发电，也有负荷，负荷当中有重要负荷，有可控负荷。微电网跟电网公司之间是相对独立的，所以特别适合一个企业或者是一个小区来实现。

❷未来微电网会非常普遍，目前由于微电网能够平抑分布式的风能和太阳能的波动性，投资相对高一些，所以重点是用在对可靠性要求高的地区，比如说军事部门或者是医院，或者是沙漠地区、边远地区，或者是海岛，将来它会大量地扩展。

18. “清洁替代”“电能替代”指什么？

答：

“清洁替代”是在能源开发上以清洁能源替代化石能源，走低碳绿色发展道路，实现由化石能源为主向清洁能源为主转变。“电能替代”是在能源消费上实施以电代煤、以电代油，推广应用电锅炉、电采暖、电动交通等，提高电能在终端能源消费中的比重，减少化石能源消耗和环境污染。

19. 什么叫做坚强智能电网？其主要特点是什么？

答：

坚强智能电网是以特高压为骨干网架、各级电网协调发展的坚强电网为基础，以通信信息平台为支撑，以智能控制为手段，具有信息化、自动化、

互动化特征，包含电力系统的发电、输电、变电、配电、用电和调度的各个环节，覆盖所有电压等级，实现“电力流、信息流、业务流”的高度一体化融合的现代电网。

坚强智能电网的主要特点：坚强、自愈、兼容、互动、经济、集成、优化、清洁。

20. 智能电网的先进性主要体现在哪些方面?

答：

❶具有坚强的电网基础体系和技术支撑体系，

能够抵御各类外部干扰和攻击，能够适应大规模清洁能源和可再生能源的接入，电网的坚强性得到巩固和提升。

❷信息技术、传感器技术、自动控制技术与电网基础设施有机融合，可获取电网的全景信息，及时发现、预见可能发生的故障。故障发生时，电网可以快速隔离故障，实现自我恢复，从而避免大面积停电的发生。

❸柔性交/直流输电、厂网协调、智能调度、电力储能、配电自动化等技术的广泛应用，使电网运行控制更加灵活、经济，并能适应大量分布式电源、微电网及电动汽车充放电设施的接入。

❹通信、信息和现代管理技术的综合运用，将大大提高电力设备的使用效率，降低电能损耗，使电网运行更加经济和高效。

❺实现实时和非实时信息的高度集成、共享与利用，为运行管理展示全面、完整和精细的电网运营状态图，同时能够提供相应的辅助决策支持、控制实施方案和应对预案。

21. 为什么必须以坚强为基础来发展智能电网？

答：

坚强的内涵是指智能电网具有坚强的网架结构、强大的电力输送能力和安全可靠的电力供应能

力。坚强的网架结构是保障安全可靠电力供应的基础和前提；强大的电力输送能力，是与电力需求快速增长相适应的发展要求，是坚强的重要内容；安全可靠的电力供应是经济发展和社会稳定的前提和基础，是电网坚强内涵的具体体现。

以坚强为基础来发展智能电网，可以提高电网防御多重故障、防止外力破坏和防灾抗灾的能力，能够增强电网供电的安全可靠性；可以提高电网对新能源的接纳能力，推动分布式和大规模新能源的跨越式发展；可以提高电网更大范围的能源资源优化配置能力，可充分发挥其在能源综合运输体系中的重要作用。所以，必须以坚强为基础来发展智能电网。

22. 为什么要建设以特高压电网为骨干网架的坚强智能电网？

答：

随着国民经济的持续快速发展和人民生活水平的不断提高，我国电力需求较快增长的趋势在较长时间内不会改变。同时，我国能源与生产力布局呈逆向分布，能源运输形势长期紧张。但目前我国电网发展相对滞后，在能源综合运输体系中的作用还不明显。这些在客观上要求加快转变电力发展方式，提升电网大范围优化配置能源的能力，建设以

特高压电网为骨干网架的坚强智能电网是满足这一要求的必然选择。

特高压输电具有远距离、大容量、低损耗、高效率的优势，建设以特高压电网为骨干网架的坚强智能电网，能够促进大煤电、大水电、大核电、大型可再生能源基地的集约化开发利用。

因此，在坚强智能电网建设中，必须以特高压电网为骨干网架，连接大型能源基地及主要负荷中心，以更好地保障国家能源供应和能源安全，满足经济社会快速发展的需要。

23. 智能电网将给人们的生活带来哪些好处？

答：

坚强智能电网的建设，将推动智能小区、智能城市的发展，提升人们的生活品质。

❶让生活更健康。

家庭智能用电系统既可以实现对空调、热水器等智能家电的实时控制和远程控制，又可以为电信网、互联网、广播电视网等提供接入服务；还能够

通过智能电能表实现自动抄表和自动转账缴费等功能。

❷让生活更低碳。

智能电网可以接入小型家庭风力发电和屋顶光伏发电等装置，并推动电动汽车的大规模应用，从而提高清洁能源消费比重，减少城市污染。

❸让生活更经济。

智能电网可以促进电力用户角色转变，使其兼有用电和售电两重属性；能够为用户搭建一个家庭用电综合服务平台，帮助用户合理选择用电方式，节约用能，有效降低用能费用支出。

24. 坚强智能电网建设分为哪三个阶段？

答：

第一阶段为规划试点阶段（2009—2010 年）：重点开展坚强智能电网发展规划工作，制定技术标准和管理规范，开展关键技术研发和设备研制，开展各环节的试点工作。

第二阶段为全面建设阶段（2011—2015 年）：加快特高压电网和城乡配电网建设，初步形成智能电网运行控制和互动服务体系，关键技术和装备实现重大突破和广泛应用。

第三阶段为引领提升阶段（2016—2020 年）：

基本建成坚强智能电网，使电网的资源配置能力、安全水平、运行效率，以及电网与电源、用户之间的互动性显著提高。

上述三个阶段是为实现坚强智能电网建设目标做出的整体性安排，并不能截然分开，技术研发、设备研制、试点验证、标准完善和推广应用等工作将贯穿始终。针对不同阶段的建设需求，将陆续安排新的技术研究和工程试点项目，待成熟后统一组织推广应用。

25. 什么是电价？

答：

电价是电力商品在进行交换、贸易结算中的货币表现形式，是电力商品价格的总称。

26. 制定电价应遵循的原则是什么？

答：

《中华人民共和国电力法》第35条规定：电价实行统一政策，统一定价原则，分级管理。

《中华人民共和国电力法》第36条规定：制定电价，应当合理补偿成本，合理确定收益，依法计入税金，坚持公平负担，促进电力建设。

《中华人民共和国电力法》第41条规定：国家实行分类电价和分时电价。分类标准和分时办法由

国务院确定。对同一电网内的同一电压等级、同一用电类别的用户，执行相同的电价标准。

《中华人民共和国电力法》第 44 条规定：禁止任何单位和个人在电费中加收其他费用；但是，法律、行政法规另有规定的，按照规定执行。地方集资办电在电费中加收费用的，由省、自治区、直辖市人民政府依照国务院有关规定制定办法。禁止供电企业在收取电费时，代收其他费用。

27. 四川现行销售电价按用电类别分为哪几类？

答：

四川现行销售电价按用电类别分为：居民生活用电电价、农业生产用电电价、工商业及其他用电电价三大类。

28. 四川省“一户一表”居民阶梯用电分为哪几档？

答：

分为三档：第一档月用电量180 kW·h及以内部分；第二档月用电量181～280 kW·h部分，加价0.1元/（kW·h）；第三档用电量超过280 kW·h部分，加价为0.3元/（kW·h）。

29. 低保户、五保户居民电价政策是什么？

答：

四川省的城乡低保户、农村五保户，每户每月有15 kW·h的免费用电，以保障其基本生活。

30. 什么是单一制电价？什么是两部制电价？

答：

电网总的供电容量就叫做电力固定成本，也叫容量成本。政策规定容量成本对不同用电类别客户的分摊比例不同，从而形成单一制电价和两部制电价。

单一制电价是以客户安装的电能表每月计算出的实际用电量乘以相对应的电价计算电费的方式。

两部制电价是由电度电价和基本电价两部分构成的。电度电价是指按客户计费表所计的电量来计

算电费的电价；基本电价是以客户容量或需量计算电费的电价。

31. 基本电费有几种计算方法?

答:

基本电费可按变压器容量，也可按合同最大需量和实际最大需量计费。计费方式由用户自行选择，电力用户须提前 5 个工作日向电网企业申请变更下一个月（抄表周期）的基本电费计费方式。

32. 目前四川省“一户一表”居民用户低谷时段优惠电价是多少?

答:

四川省一户一表居民用户低谷时段优惠		
水期	时间	电价 (元/kW·h)
丰水期	6～10月 23:00～次日7:00	0.175
枯、平水期	11～次年5月 23:00～次日7:00	0.253 5

33. 国网四川省丰水期居民生活用电电能替代政策是什么?

答:

在四川电网居民生活用电现行电价政策的基础上，对丰水期城乡“一户一表“居民用电量，月用电量在180 kW·h及以内部分电价保持不变，用电量181～280 kW·h部分的电价下移0.15元/(kW·h)，用电量高于280 kW·h部分的电价下移0.2元/(kW·h)，下移金额将在居民客户购电充值时一并返还到电表。

34. 工商业及其他用电电价的执行范围是什么？

答：

执行范围：除居民生活和农业生产外的用电。按电力用途具体又分为非工业用电、普通工业用电、商业用电、非居民照明用电和大工业用电。

❶非工业用电指以电冶炼、烘焙、熔焊、电解、电化的试验和非工业生产，其总容量在 3 kW 及以上的用电。

❷普通工业用电指以电为原动力，或以电冶

炼、烘焙、熔焊、电解、电化的一切工业用电，其总容量不足315 kW的用电。

❸商业用电指从事商品交换或提供商业性、金融性、服务性等非公益性有偿服务消耗的电力。

❹非居民照明用电指除居民生活用电、商业用电、大工业用电客户生产车间照明、空调、电热等以外的用电。

❺大工业用电是指受电变压器（含不通过受电变压器的高压电动机）容量在315 kW及以上的下列用电：以电为原动力，或以电冶炼、烘焙、熔焊、电解、电化、电热的工业生产用电；铁路（包括地下铁路、城际铁路）、航运、电车及石油（天然气、热力）加压站生产用电；自来水、工业实验、电子计算中心、垃圾处理、污水处理生产用电。

35. 大工业用户的电费是由哪几部分组成的?

答:

大工业用户的电费由基本电费、电度电费、功率因数调整电费和代收基金费用组成。

❶基本电费是根据用电客户变压器容量或最大需量和国家批准的基本电价计收的电费。

❷电度电费是依据用电客户的结算电量及该部分电量所对应的电度电价执行标准计算出来的电

费，其中不含代征费。

③功率因数调整电费是按照用户的实际功率因数及该用户所执行的功率因数标准，对用户承担的电费按功率因数调整电费系数进行相应调整的电费。

④代收基金费用是根据用电客户的结算电量与对应的代收基金计算出来的费用。

36. 电费违约金怎么计算？

答：

用户在供电企业规定的期限内未缴清电费时，应承担电费滞纳的违约责任。电费违约金从逾期之日起计算至缴纳日止。每日电费违约金按下列规定计算：

①居民用户每日按欠费总额的千分之一计算。

②其他用户：当年欠费部分，每日按欠费总额的千分之二计算；跨年度欠费部分，每日按欠费总额的千分之三计算。电费违约金收取总额按日累加计收，总额不足 1 元者按 1 元收取。

37. 电价交叉补贴是怎么回事？

答：

“交叉补贴”指的是因商品定价造成的一部分用户对另一部分用户的补贴。具体到我国的电价，

大致存在以下三类交叉补贴：省（自治区、直辖市）内发达地区用户对欠发达地区用户的补贴；高电压等级用户对低电压等级用户的补贴；大工业和一般工商业用户对居民和农业用户的补贴。

交叉补贴的成因：出于社会稳定的考虑，同时为了兼顾社会公平，实现电力服务，政府价格主管部门一方面会在地区之间、电压等级之间调剂电价，以降低欠发达地区、低电压等级用户的电费负担；另一方面会在居民和工商业之间调剂电价，以降低居民生活用电价格。

38. 什么是业扩报装？

答：

业：业务；扩：扩充；报：申报；装：装表接电。业扩报装简称“业扩”，其工作包括从受理客户用电申请到向客户正式供电的全过程。

业扩报装工作是电力部门扩大再生产、不断满足国民经济的发展和人民生活用电需求的一项重要工作，也是电力部门加强营销管理、提高经济效益的重要方面。业扩报装工作也是供电营销工作的重要环节，是电网企业与客户联系的纽带，直接影响企业形象和效益。业扩报装工作涉及面广，工序流程多，政策性强，是一件复杂、细致的技术业务工作。

业：业务；扩：扩充；报：申报；装：装表接电。业扩报装简称“业扩”，其工作包括从受理客户用电申请到向客户正式供电的全过程。业扩报装工作是供电营销工作的重要环节，是电网企业与客户联系的纽带，直接影响企业形象和效益。业扩报装工作涉及面广，工序流程多，政策性强，是一件复杂、细致的技术业务工作。

39. 业扩报装管理工作包括哪些环节？

答：

业扩报装管理工作包括业务受理、现场勘查、供电方案确定及答复、业务费收取、配套电网工程建设、设计文件审查、中间检查、竣工检验、供用电合同签订、停（送）电计划编制、装表接电、资料归档、现场作业安全管控、服务质量评价等全过程作业规范、流程衔接及管理考核。

40. 业扩报装工作应按照什么原则开展？

答：

业扩报装工作应按照“主动服务、一口对外、便捷高效、三不指定、办事公开”的原则开展。

“主动服务”原则，指强化市场竞争意识，前移办电服务窗口，由等待客户到营业厅办电，转变为客户经理上门服务；搭建服务平台，统筹调度资源，创新营销策略，制订个性化、多样化的套餐服

务，争抢优质客户资源，巩固市场竞争优势。

“一口对外”原则，指健全高效的跨专业协同运作机制：营销部门统一受理客户用电申请，承办业扩报装具体业务，并对外答复客户；发展、财务、运检等部门按照职责分工和流程要求，完成相应工作内容。深化营销系统与相关专业系统集成应用和流程贯通，支撑客户需求、电网资源、配套电网工程建设、停（送）电计划、业务办理进程等跨专业信息实时共享和协同高效运作。

“便捷高效”原则，指精简手续流程，推行“一证受理”和容量直接开放，实施流程“串改并”，取消普通客户设计文件审查和中间检查；畅通“绿色通道”，与客户工程同步建设配套电网工程；拓展服务渠道，加快办电速度，逐步实现客户“只进一次门，只上一次网”，即可办理全部用电手续；深化业扩全流程信息公开与实时管控平台应用，实行全环节量化、全过程管控、全业务考核。

“三不指定”原则，指严格执行国家规范电力客户工程市场的相关规定，按照统一标准规范提供办电服务，严禁以任何形式指定设计、施工和设备材料供应单位，切实保障客户的知情权和自主选择权。

“办事公开”原则，指坚持信息公开透明，通过营业厅、“网上国网”手机 APP、95598 网站等渠道，公开业扩报装服务流程，工作规范，收费项

目、标准及依据等内容；提供便捷的查询方式，方便客户查询设计、施工单位，业务办理进程，以及注意事项等信息，主动接受客户及社会监督。

41. 低压非居民客户新装、增容收费标准是什么？

答：

低压非居民客户新装、增容业务办理中只收取业务费用（高可靠供电费），收费标准按照川价工〔2004〕43 号文件和川发改价格〔2016〕482 号文件，除高可靠供电费用外不收取其他工程费用。但客户表线工程需由客户自行出资安装。

注：所有业务费收取都按此标准执行。

42. 哪些属于低压非居民新装、增容客户?

答:

低压非居民客户办理新装、增容适用对象是实际用电性质为一般工商业及其他用电的客户。其中城市地区客户单相用电负荷在 16 kW 及以下，农村地区客户单相用电负荷在 10 kW 及以下时可采用 220 V 供电；城市地区客户三相用电负荷在 100 kW 及以下，农村地区客户三相用电负荷在 50 kW 及以下时可采用 380 V 供电。

43. 哪些属于居民新装、增容客户?

答:

居民客户办理新装、增容适用对象是实际用电性质为居民生活用电的客户。其中城市地区客户单相用电负荷在 16 kW 及以下，农村地区客户单相用电负荷在 10 kW 及以下时可采用 220 V 供电；城市地区客户三相用电负荷在 100 kW 及以下，农村地区客户三相用电负荷在 50 kW 及以下时可采用 380 V 供电。

44. 高压客户竣工检验时应提交哪些资料？

答：

①高压客户竣工报验申请表。

②设计、施工、试验单位资质证书复印件。

③工程竣工图及说明。

④电气试验及保护整定调试记录，主要设备的型式试验报告。

45. 什么是减容？减容的适用对象有哪些？减容有哪些分类？

答：

据《供电营业规则》第 22 条，减少合同约定的用电容量简称减容。减容是指客户在正式用电后，由于生产、经营情况发生变化，考虑到原用电容量过大，不能全部利用，为了减少基本电费的支出或节能的需要，提出减少供用电合同规定的用电容量的一种变更用电业务。

减容一般适用于正式用电的高压客户。

减容可分为非永久性减容、永久性减容。非永久性减容：在减容期限内，供电公司保留其原有容量的使用权，到期恢复原有容量。永久性减容：供电公司不保留其减少容量的使用权，客户如想恢复容量要重新办理增容手续。

46. 短信订阅电费信息有什么好处？

答：

可及时告知客户当月电费剩余金额，提醒客户及时充值，避免电费缴纳的延误给生活带来的不便。

47. 手机短信订阅发送平台的号码是多少？

答：

95598，落款为四川省电力公司。

48. 电费短信可以提供哪些信息？

答：

电费信息和智能电能表表内剩余电费金额低于50元、30元、10元请及时充值的信息。

49. 短信订阅电费信息服务如何取消？

答：

可按照短信提示信息回复对应内容退订，或拨打 95598 客服热线进行退订，也可登陆 95598 网站进行退订。

50. 短信订阅电费信息功能适用于什么类型的客户？

答：

仅适用于四川省电力范围内智能电能表居民客户。低压非居民、高压客户暂不提供。

51. “营改增”后四川省电力公司对客户申请开具非电费类增值税专用发票资质有哪些要求？

答：

“营改增”后，具备一般纳税人资格的企业客户，除了可开具“营改增”前所规定的电费类增值税专用发票外，办理公司营业范围内的非电费类款项（如高可靠性供电费用）也可开具增值税专用发票。但电力公司收取的具有保证金性质的临时接电费，由于结束临时用电后可申请退还，只能开具收据，不能开具发票。

注：个人客户不得申请开具增值税专用发票。

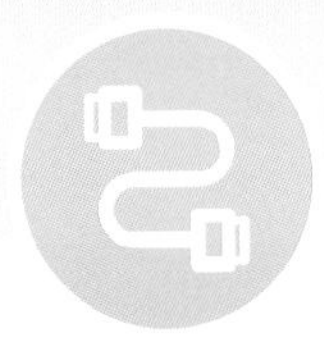

52. "营改增"后首次申请开具非电费类增值税专用发票客户需提供哪些资料？

答：

具备一般纳税人资格的企业客户可携带以下材料至账单所属营业厅办理：

1. 税务登记证复印件（"三证合一"的客户应提供"三证合一"营业执照复印件）。
2. 填写《开具增值税专用发票申请表》。
3. 付款证明。
4. 开户许可证复印件。

⑤增值税一般纳税人登记表。

⑥一般纳税人资格证明复印件。

上述资料均需加盖单位公章。

注：1. “三证合一”就是将企业原先申请的工商营业执照、组织机构代码证和税务登记证三证合为一证。

2. 供电公司将在客户应付款项到账后再向客户开具发票，发票上的购货方名称应与用电申请户名一致。

53. 居民客户电费发票遗失或因客户原因损坏，如何处理?

答:

居民客户发票遗失或因客户原因损坏的，根据国家和财务有关规定，发票不予补开。客户可以到供电公司打印电费清单（智能电能表不能打印）。少数地市能为客户提供电费发票存根联复印件（卷式发票只有一联，没有存根联）。同时，部分地市处理时会区分发票是由供电公司打印还是由银行打印，两者处理方法需区别对待。

54. 客户通过“国网四川省电力公司”支付宝生活号缴费，如何领取发票？

答：

通过“国网四川省电力公司”支付宝生活号缴费的客户，可以携带缴费凭证到营业厅打印发票（注：智能电能表只能打印缴费金额的清单）。

55. 客户通过“国网四川省电力公司”支付宝生活号购电后，如何提示客户购电成功？

答：

客户通过“国网四川省电力公司”支付宝生活号购电后将收到短信提示：【四川电力】尊敬的客户＊＊【户号：＊＊＊＊】，您好。您于＊＊年＊＊月＊＊日＊＊时通过支付宝支付购电费＊＊元，已到我公司电费账户，将在一个小时内下发至您的电表上，请耐心等待。若下发失败，我们尽快为你处理。

收到这条短信表明客户用支付宝已缴费成功，后续电力公司将通过网络将购电金额写入电表。

56. 抄表周期是多长时间?

答：

抄表周期是指每次抄表之间的时间间隔，四川省电力公司执行一月一抄。计费周期是阶梯电量的累计周期，每月清零，重新累计。二者在局部地区不一致。

57. 如何查询电费余额?

答：

查询余额的途径有：看智能电能表显示屏、前往营业厅、拨打 95598 供电服务热线、网上国网

APP、使用电 e 宝等。

58. 智能电能表居民客户可以通过哪些渠道缴费？

答：

为方便客户缴费，四川省电力公司开通了“线上”“线下”多种缴费方式，包括：营业厅缴费（如窗口人工缴费或 POS 机缴费）、拨打 95598 热线或登录 95598 网站缴费、APP 缴费（如支付宝、微信、网上国网 APP、电 e 宝、手机银行 APP）、代收缴费（如红旗超市、利安社区电超市、银行缴费等）、银行卡绑定代扣等。

59. 首次开卡购电时，有哪些注意事项？

答：

①首次充值前，请确保您已知晓您的户号、表号、户名、用电地址及智能电能表安装位置等信息。

②首次充值前，您需要前往成都地区各供电营业厅、利安社区电超市、红旗超市、华夏通、兴业银行柜台等售电网点，通过工作人员人工操作完成开卡方可购电。

③首次充值后（一表对应一卡），请您将该购

电卡插入自家电表中，完成表卡对位和充值用电。

④为了保证客户在换表后的正常用电，已在客户的智能电能表中代为预存50元电费，在客户首次开卡购电时，将从客户的购电费中进行扣除。

⑤如果客户办理了银行代扣，电表升级更换后，银行不再提扣您的电费。为了保证客户的资金安全，请客户尽快到银行办理取消电费代扣业务。

⑥购电卡可重复充值使用，但请确保购电卡中金额已成功刷入智能电能表后，方可进行再次充值操作。

⑦每日充值次数不超过1次，客户单笔充值没有金额限制。

60. 如何使用购电卡购电？

答：

电能表的报警指示灯亮，或背光灯常亮，是在提醒您余额不足，及时购电。请持购电卡到充值售电点购电。将已充值的购电卡插入智能电能表卡槽（带有黄色金属芯片的一面朝左，并停留至少3秒）。液晶屏显示“读卡成功”，说明电费已成功输入电能表，此时方可将购电卡取出。

注：购电卡是电费充值中介，前一次的充值金额输入电能表后，才能再次使用购电卡购电。

61. 预付费表购电卡丢失（或损坏）怎么办？

答：

可凭电能表号或客户号到售电处，缴纳规定费用后补办预付费表购电卡。

62. 拨打供电服务电话 95598，可以获得哪些服务？

答：

95598 客户服务业务包括信息查询、业务咨询、故障报修、投诉、举报、建议、意见、表扬等，各

项业务流程实行闭环管理。

❶信息查询：公司客服中心通过95598电话自助语音、95598智能互动网站等自助查询系统向客户提供信息查询服务。公司客服中心，省、市、县公司按照要求收集、维护、整理相关信息。

❷业务咨询：公司客服中心受理客户咨询诉求后，未办结业务10分钟内派发工单，省、市、县公司应在4个工作日内进行业务处理、审核并反馈结果，公司客服中心5个工作日内回复（回访）客户。

❸故障报修：公司客服中心受理客户故障报修

诉求后，根据报修客户重要程度、停电影响范围、故障危害程度等，按照特急、紧急、一般确定故障报修等级，2 分钟内派发工单，各省、市、县公司根据紧急程度，按照相关要求开展故障报修业务处理。

各单位提供24 小时电力故障报修服务，抢修到达现场的时间应满足公司对外的承诺要求，到达故障现场后 5 分钟内将抵达时间录入系统，抢修完毕后 5 分钟内完成工单回复。

公司客服中心根据停电影响范围及时维护、发

布相关紧急播报信息。

④投诉：公司客服中心受理客户投诉诉求后，根据投诉客户重要程度及可能造成的影响等，按照特殊、重大、重要、一般确定事件投诉等级，20分钟内派发工单。各省、市、县公司根据投诉等级，按照相关要求开展投诉业务处理。

省、市、县公司相关业务部门应在1个工作日内联系客户，6个工作日内处理、答复客户并审核、反馈结果，公司客服中心7个工作日内回访客户。

重大及以上投诉业务需省公司审核后反馈公司客服中心。

⑤举报、建议、意见：公司客服中心受理客户举报、建议、意见业务诉求后，20分钟内派发工单。省、市、县公司应在中心受理客户诉求后9个工作日内处理、答复客户、审核并反馈结果，公司客服中心10个工作日内回访客户。

⑥表扬：公司客服中心受理客户表扬诉求后，未办结业务10分钟内派发工单，各级业务部门应根据工单内容进行核实表扬，并回复工单。

63. 哪些方式可以获知停电信息?

答:

对于居民用户，供电公司负责通知到物业或社区，请注意小区通告，也可通过拨打95598热线，

登录 95598 网站、网上国网 APP 或电 e 宝等浏览停电通知。

64. 如何计量电能？计量单位是什么？计量方式有哪些？

答：

为了准确地计量电能，客户需购买、安装符合国家标准的电能计量装置，经供电公司验收合格后，给予供电。

电能的单位是 kW · h，俗称“度”。

计量方式根据计量装置安装位置分为高供高计、高供低计、低供低计。

65. 电能计量装置安装在哪里?

答：

计量装置原则上应安装在供电设施的产权分界处。如产权分界处不适宜装表，对专线供电的高压用户，可在供电变压器出口装表计量；对公用线路供电的高压用户，可在用户受电装置的低压侧计量。当用电计量装置不安装在产权分界处时，线路与变压器损耗的有功与无功电量均须由产权所有者负担。在计算用户基本电费（按最大需量计收时）、电度电费及功率因数调整电费时，应将上述损耗电量计算在内。

66. 电能表为什么有灯闪烁?

答:

用户消耗电能时，电能表的脉冲灯就会闪烁，同时电能表开始计量。脉冲灯闪烁频率随用电负荷变化，用电负荷越大，闪烁越快。假如电能表面板上标识有 1 200 imp/（kW·h），则代表客户每消耗 1 kW·h（度）电，脉冲灯就会闪烁 1 200 次。同理，如果脉冲灯闪烁了 n 次，则代表客户用了$\frac{n}{1\ 200}$ kW·h（度）电。

67. 电能表自身耗能吗？费用由谁承担？

答：

电能表耗能，因其未接入客户用电回路，所有费用由供电公司承担，计入供电公司线损。

68. 智能电能表有多灵敏？不用电时，为什么还走字？

答：

所谓电能表的“灵敏”，从专业上说是电能表启动电流的大小，也是常说的电能表测量范围的下限。

使用充电器时电能表是否走动，主要看它的功率是否低于国家检定规程要求达到的启动功率，与电能表型号无关，一般来说任何电能表精确度基本上差不多。不管使用任何电能表，建议客户家用电器不用时应断开电源，特别是电视机、数字机顶盒、空调、电脑等电器，不要长时间保持待机状态。第一，影响您电器使用的寿命；第二，待机状态下它一直在耗电，虽然不多，但是也会累积一定的电量。智能电能表靠脉冲数显示，非常精确，家用电器待机电流也会引起电能表走字，因此要拔下家用电器插头。

除此以外，不用电时，电能表走字的原因还有：

③内部线路漏电。

④串户。

⑤电能表潜动，即电能表只加电压而负载电流为零时，电能表仍然连续走字。

上述三种原因，可告知供电公司上门排查。

69. 智能电能表会多计费吗？为什么有些人换表后电费上涨了？

答：

发生这种情况的原因可能有三种：

①用电设备增加了，所以用电量增多。

②电网改造后，电压质量提高了，用电设备达到了额定功率，用电量相应增加。

③新电能表比旧电能表的计量精度高，可以计量之前难以计量出来的小电量。

70. 如何计算家用电器的耗电量？家用电器耗电量与功率的关系是什么？

答：

①家用电器耗电量 = 家用电器铭牌功率 × 用电时间。

②家用电器的铭牌功率越大，使用时间越长，耗电量越大。

71. 智能电能表与传统电能表相比，有哪些新功能？

答：

与传统电能表相比，智能电能表除了计量功能，还有以下功能：

❶有功电能量按相应的时段分别累计和存储总、尖、峰、平、谷电能量。

❷具有完善的复费率结算计费功能，可设置时段和费率。

❸支持通过红外、RS485 通信接口修改费率表、

时段表。

④采用外置即插即用型载波通信模块，且载波通信接口有失效保护电路，与计量部分独立工作。

⑤电力线载波通信模块可实现远程实时点抄，定期抄读表具数据，远程通断控制。

72. 用电信息采集系统的普及应用有什么好处？

答：

安装用电信息采集系统后，通过将每户的智能电能表与采集主站建立通信联系，实现电力客户与供电公司的双向互动，客户将迎来更加节能、低

碳、便捷、智能的新生活。该系统能实现远程自动化抄表，提高了抄表数据的准确性、及时性，避免了因人工错抄或抄表不及时造成的电费纠纷。

73. 总电能表电量与分电能表电量之和不等，主要原因是什么？

答：

主要有以下原因：

①客户使用的分表没有进行定期校验，误差偏大或存在问题。

②总表与分表不是同一时间抄表。

③可能有窃电现象。

④线路老化漏电。

⑤线路损失。

74. 计量差错及故障现象有哪些？

答：

主要包括以下几种：

①互感器变比差错。

②电能表与互感器接线差错。

③电能表机械故障。

④电气故障。

⑤电流互感器开路或匝间短路。

⑥电压互感器一次侧或高压侧熔断器熔断，二

次回路接触不良。

⑦雷击或过负荷烧表及互感器烧损等。

75. 感觉电能表计量不准确时，应该怎么办？申请校验电能表的相关规定是什么？

答：

电能表都是经过法定计量管理部门确认的标准计量单位校验合格后，才安装使用的。如果客户认为电能表计量不准确，可携带最近一次电费发票（或复印件）和电费储蓄卡，到所属供电公司营业大厅申请验表，并预先缴纳检验费，由计量部门安排验表。经检验，电能表确有问题，退回检验费，

并按规定退补电费，否则检验费不予退还。

76. 春节期间，农村地区家庭用户电压低的原因是什么？

答：

在我国偏远农村地区，平时大部分人在外打工，电力供应不成问题。而在春节期间，许多家庭都使用大功率用电器，导致家庭用户电压降低，家用电器无法正常工作。

77. 变电站对周边环境有没有危害？对人的身体到底有没有影响？

答：

变电站不会产生辐射。它所产生的电磁场，一般为极低频电磁场，或工频电场、工频磁场。因此，我们从磁场强度和电场强度分别进行测试。国际非电离辐射防护委员会规定，工频磁感应强度对公众的安全限值是“不得超过 100 μT”，而一般 500 kV 变电站的磁感应强度的实测数据只有 0.16～3.12 μT，明显低于国际标准。大多数家用电器的正常使用距离都是 30 cm。30 cm 之外的电吹风还有电冰箱的电场强度都是 120 V/m。而 30 cm 之外，变电站的电场强度只有 12.7 V/m，比许多家用电器还要安全。而我国的电场强度限值为 4 000 V/m。

经科学鉴定，变电站没有电磁辐射，更不会影响人类健康！

78. 家庭生活中，如何安全用电？

答：

开关

①认识所有家用电器的开关，用时接通电源，停止使用时切断电源，以免潮湿漏电。

②认识总开关，看到家用电器冒烟、冒火花或有焦糊气味时，马上拉闸，切断总电源。

③家里的一切电源插座，都不得用导电物体（如金属、手指）去试探。

线路

①不要乱拉乱接电线。

②湿手不能触碰电线。

③不要在没有绝缘保护的情况下修理家中带电的线路或设备，维修请找专业人员。

家用电器

①不要用湿手接触或移动正在运转的家用电器。

②保证家用电器用电环境干燥。

③家用电器如果长久放置未使用，使用前应先检查。

④通过正规途径购买合格的家用电器，使用前先看说明，如果出现问题，应按说明书上注明的方式进行处理或找专人维修。

79. 如何选择家用电线？

答：

选择单股铜芯线、PVC 阻燃管及配件。其中，单股铜芯线选择方法为：照明主线为2.5 mm^2，支线为1.5 mm^2；普通插座、空调挂机插座为2.5 mm^2；柜机插座、浴霸为4 mm^2；≥2 000 W的其他电器必须采用≥2.5 mm^2单股或使用4 mm^2的电线。

80. 居民用电私拉乱接有什么危害？

答：

私拉乱接电线或任意增加用电设备会引起电线超负荷发热，容易造成电线短路，产生火花或发热起火，导致火灾，甚至引发触电伤亡事故。

81. 家庭用电为什么要选用合适的空气开关?

答:

当家庭用电的总电流超过限额时，空气开关就会断开并切断电流，从而起到保护作用。例如：居民家中常见的10（40）A单相电表，应选用额定电流为40 A的空气开关。

82. 入户配电箱铭牌上的防护等级是什么意思?

答:

入户配电箱（柜）是常见的家庭配电设备，它的外壳防护等级对安全有着重要的提示作用，“IP”

表示（外壳）防护等级。

“IP”后的第一位数字表示防止外来物体进入，范围为0～6，其中“0”表示无防护，“6”表示完全防止灰尘进入。第二位数字表示防止进水，范围为0～8，其中“0”表示无防护，“8”表示防止沉没时水的浸入。

例如：低压配电柜的铭牌上有“防护等级IP30”，表示该配电柜外壳防止直径为2.5 mm的物体进入，且对防水无要求。

83. 屋里的“等电位联结端子箱”有什么作用?

答:

家庭中都会有等电位联结端子箱，其作用在于使家中所有金属管道，包括煤气管道、水管、建筑物钢筋的电位与大地趋于接近，以降低人们生活中接触到这些金属管道时产生的接触电压。

84. 为什么大功率家用电器的电源插头通常是三孔的?

答:

家用电器（特别是金属外壳的家用电器）使用三孔电源插头的主要目的是防止家用电器漏电。三孔电源插头插上电源插座时，就分别与火线、零线和接地线连通。火线、零线保证家用电器的正常使用，接地线属保护接地。当家用电器漏电时，电流

就会随着接地装置导入大地，从而保护使用者，防止发生触电事故。

85. 国家对家用电器的安全要求是什么？

答：

国家对各类家用电器均有安全标准，消费者应严格按使用要求操作，才可避免事故的发生。常用电器安全要求共分 0 类、01 类、Ⅰ类、Ⅱ类、Ⅲ类五个大类。

1. 0 类：这类电器只靠工作绝缘，使带电部分

与外壳隔离，没有接地要求。这类电器主要用于人们接触不到的地方，如荧光灯的整流器等电器，所以这类电器的安全要求不高。

② 01 类：这类电器有工作绝缘，有接地端子，可以接地或不接地使用。如用于干燥环境（木质地板的室内）时可以不接地，否则应予接地，如电烙铁等。

③ I 类：有工作绝缘，有接地端子和接地线，规定必须接地和接零。接地线必须使用外表为黄绿双色的铜芯绝缘导线，在器具引出处应有防止松动的夹紧装置，接触电阻应不大于 0.1 Ω。

④Ⅱ类：这类电器采用双重绝缘或加强绝缘要求，没有接地要求。所谓双重绝缘是指除有工作绝缘外，尚有独立的保护绝缘或有效的电器隔离。这类电器的安全程度高，可用于与人体皮肤相接触的器具，如：电推剪、电热梳等。

⑤Ⅲ类：使用安全电压（50 V 以下）的各种电器，如剃须刀、电热梳、电热毯等电器，在没有安全接地又不属于干燥绝缘环境的情况下，必须使用安全电压型的产品。

86. 高温时节，用电注意事项有哪些？

答：

夏季高温炎热，而此时家用电器使用频繁。高温季节，人出汗多，手经常是汗湿的，而汗是导电的，出汗的手与干净的手的电阻不一样。

因此，在同样条件下，人出汗时触电的可能性和严重性均超过一般情况。所以，在夏季要特别注意：

①不要用手去移动正在运转的家用电器，如台扇、洗衣机、电视机等。如须搬动，应关上开关，并拔去插头。

②不要赤手赤脚去修理家中带电的线路或设备。如必须带电修理，应穿鞋并带手套。

③对夏季使用频繁的电器，如电淋浴器、台

扇、洗衣机等，要采取一些实用的措施，防止触电，如经常用电笔测试金属外壳是否带电，加装触电保安器（漏电开关）等。

④夏季雨水多，使用水也多，如不慎家中进水，首先应切断电源，即把家中的总开关或熔丝拉掉，以防止正在使用的家用电器因浸水、绝缘损坏而发生事故。切断电源后，将可能浸水的家用电器搬移到不浸水的地方，防止其绝缘浸水受潮，影响今后使用。如果电器设备已浸水，绝缘受潮的可能性很大，再次使用前，应对设备的绝缘用专用的摇表测试绝缘电阻。如达到规定要求，可以使用，否则要对绝缘进行干燥处理，直到绝缘良好。

87. 电气火灾如何扑灭？

答：

1 使用安全的灭火器具。

电器设备运行中着火时，必须先切断电源，再进行扑灭。如果不能迅速断电，可使用二氧化碳、四氯化碳、1211 灭火器或干粉灭火器等消防器材。使用时，必须保持足够的安全距离，对 10 kV 及以下的设备，该距离不应小于 40 cm。

注意绝对不能用酸碱或泡沫灭火器。因其灭火

药液有导电性，手持灭火器的人员会触电。而且，这种药液会强烈腐蚀电器设备，且事后不易清除。

居室、楼道或邻近房屋起火时，一定要首先关闭总电源开关，否则极易引起电线短路，从而助长火灾蔓延。

②及时切断电源。

若仅因个别电器短路起火，可立即关闭电器电源开关，切断电源。若整个电路燃烧，则必须拉断总开关，切断总电源。如果离总开关太远，来不及拉断，则应采取果断措施将远离燃烧处的电线用正确方法切断。注意切勿用手或金属工具直接拉扯或

剪切，而应站在木凳上用有绝缘柄的钢丝钳、斜口钳等工具剪断电线。切断电源后方可用常规的方法灭火，没有灭火器时可用水浇灭。

③不能直接用水冲浇电器。

电器设备着火后，不能直接用水冲浇。因为水有导电性，进入带电设备后易引发触电，会降低设备的绝缘性能，甚至引起设备爆炸，危及人身安全。

变压器、油断路器等充油设备发生火灾后，可把水喷成雾状灭火。因水雾面积大，水珠压强小，易吸热汽化，迅速降低火焰温度。

88. 危害供电、用电安全，扰乱正常供电、用电秩序的行为有哪些?

答:

危害供用电安全、扰乱正常供用电秩序的行为，属于违约用电行为。供电企业对查获的违约用电行为应及时予以制止。有下列违约用电行为者，应承担其相应的违约责任：

①在电价低的供电线路上，擅自接用电价高的用电设备或私自改变用电类别的，应按实际使用日期补交其差额电费，并承担 2 倍差额电费的违约使用电费。使用起讫日期难以确定的，实际使用时间

按 3 个月计算。

②私自超过合同约定的容量用电的，除应拆除私自增容的设备外，属于两部制电价的用户，应补交私增设备容量使用月数的基本电费，并承担 3 倍私增容量基本电费的违约使用电费；其他用户应承担私增容量每千瓦（千伏安）50 元的违约使用电费。如用户要求继续使用，按新装增容办理手续。

③擅自超过计划分配的用电指标的，应承担高峰超用电力每次每千瓦 1 元和超用电量与现行电价电费五倍的违约使用电费。

④擅自使用已在供电企业办理暂停手续的电力设备或启用供电企业封存的电力设备的，应停用违约使用的设备。属于两部制电价的用户，应补交擅自使用或启用封存设备容量和使用月数的基本电费，并承担 2 倍补交基本电费的违约使用电费；其他用户应承担擅自使用或启用封存设备容量每次每千瓦（千伏安）30 元的违约使用电费。启用属于私自增容被封存的设备的，违约使用者还应承担第②项规定的违约责任。

⑤私自迁移、变更和擅自操作供电企业的用电计量装置、电力负荷管理装置、供电设施，以及约定由供电企业调度的用户受电设备者，属于居民用户的，应承担每次 500 元的违约使用电费；属于其他用户的，应承担每次 5 000 元的违约使用电费。

⑥未经供电企业同意，擅自引入（供出）电源

或将备用电源和其他电源私自并网的，除当即拆除接线外，应承担其引入（供出）或并网电源容量每千瓦（千伏安）500元的违约使用电费。

89. 哪些行为属于窃电？

答：

窃电行为包括以下几种：

①在供电企业的供电设施上，擅自接线用电。

②绕越供电企业用电计量装置用电。

③伪造或者开启供电企业加封的用电计量装置封印用电。

④故意损坏供电企业用电计量装置。

⑤故意使供电企业用电计量装置不准或者失效。

⑥采用其他方法窃电。

90. 如何处理窃电行为？

答：

供电企业对查获的窃电者，应予制止，并可当场中止供电。窃电者应按所窃电量补交电费，并承担补交电费3倍的违约使用电费。拒绝承担窃电责任的，供电企业应报请电力管理部门依法处理。窃电数额较大或情节严重的，供电企业应提请司法机关依法追究刑事责任。

91. 如何确定窃电量？

答：

窃电量按下列方法确定：

❶在供电企业的供电设施上，擅自接线用电的，所窃电量按私接设备额定容量（千伏安视同千瓦）乘以实际使用时间计算确定。

❷以其他行为窃电的，所窃电量按计费电能表标定电流值（对装有限流器的，按限流器整定电流值）所指的容量（千伏安视同千瓦）乘以实际窃用

的时间计算确定。窃电时间无法查明时，窃电日数至少以 180 天计算。每日窃电时间：电力用户按 12 小时计算，照明用户按 6 小时计算。

92. 在发供电系统正常的情况下，供电公司为何终止供电？

答：

在发供电系统正常的情况下，供电企业应连续向客户提供电力供应。有下列情形之一的，经批准后，可终止向客户供电：

①危害供用电安全，扰乱供用电秩序，拒绝检查者。

②拖欠电费，经通知催交，仍不交者。

③受电装置经检验不合格，在指定期间未改善者。

④用户注入电网的谐波电流超过标准，以及冲击负荷、非对称负荷等对电能质量产生干扰和妨碍，在规定限期内不采取措施者。

⑤拒不在限期内拆除私增用电容量者。

⑥拒不在限期内交付违约用电引起的费用者。

⑦违反安全用电、计划用电有关规定，拒不改正者。

⑧私自向外转供电力者。

有下列情形之一的，不经批准即可终止供电，但事后应报告本单位负责人：

①不可抗力和紧急避险。

②确有窃电行为。

93. 发现窃电或违约用电后，应该怎么办？

答：

发现有人窃电或违约用电时，可拨打 95598 供电服务热线进行举报；也可向当地公安部门举报。实名举报经查证属实的，供电部门按实际收取违约使用电费总额的一定比例给予奖励，同时为举报人保密。

94. 如何科学用电?

答:

科学用电可以从电能替代、节省电费两个方面去理解:

①从电能替代方面讲，电能是绿色能源，可以转化成多种能量形式，且转化效率高、经济效益好，值得广大能源用户选用。例如，电能的经济效率是石油的 3.2 倍、煤炭的 17.3 倍。1 t 标准煤当量的电能创造的经济价值与 3.2 t 标准煤当量的石油、17.3 t 标准煤当量的煤炭创造的经济价值相当。

②从节省电费方面讲，用户可以利用不同时段的电价差异，错时用电、削峰平谷，降低电费。

95. 电动汽车充电模式有哪几类?

答:

❶交流充电。是指通过交流充电桩为具有车载充电机的电动汽车提供交流电能，由车载充电机实现交/直流变换，为车载电池充电。

❷直流充电。是指通过非车载充电机将交流电变换为直流电，为电动汽车车载动力电池充电。非车载充电机功率较大，从几十千瓦到上百千瓦，通常情况下提供常规充电，也可提供快速充电，以较大电流为电动汽车提供短时快速充电服务。目前由于电池技术性能的限制，快速充电对电池寿命损害

严重，仅作为常规充电的一种补充，因此又称应急充电。

③电池更换。是指直接用充满电的电池组更换车辆上能量已经耗尽的电池组来达到为电动汽车“充电”的目的。该模式可使动力电池在较短的时间内得到更换，具有快捷、方便的优点，可以满足用户使用电动汽车像使用燃油汽车一样的续航里程和便捷性要求。2008 年北京奥运会、2010 年上海世博会的电动公交车和浙江杭州的电动乘用车均采用这种模式。

96. 公交集团用户来到供电营业厅办理大额电动汽车充电卡业务时，线下流程步骤有哪些？

答：

①与用户确定金额和卡数，告知用户国网电动汽车服务有限公司农行总账户，留下用户的联系方式，告知用户转账后联系营业网点并且提供转账凭证。

②收到用户凭证后联系车联网平台专责，等待与财务部门确认到账情况。

③收到财务到账凭证后，通知客户前来办理实名制集团充电卡，在平台中以现金方式，一次性将所有金额开卡充值，并将所有充值记录解款成一笔

解款记录，报给车联网平台专责。

97. 什么是智能家居？其主要特征有哪些？

答：

智能家居是指应用先进的计算机技术、通信网络技术和传感技术，将与家居生活有关的各种设备和各类应用软件系统有机地结合到一起，既可以在家庭内部实现家居设备的自动控制、信息共享和通信，又可以与家庭外部网络进行信息交换，同时可实现家居设备的远程控制。智能家居的主要目标是为人们提供一个集服务、管理于一体的高效、舒

适、安全、便利、环保的居住环境。智能电网技术使智能家居的功能得到进一步拓展和丰富。

基于智能电网的智能家居有以下主要特征：

①实现用户与电网企业互动，获取用电信息和电价信息，进行用电缴费和用电方案设置等，指导科学合理用电，倡导家庭的节能环保意识。

②实现水表、电能表、燃气表等多表的自动抄表，支持远程缴费。

③通过电话、手机、互联网等方式实现家居的远程控制，及时发现用电异常，并能及时报警与处理。

④实现家庭安防功能，支持与社区主站的联网，为优质服务提供更加便捷的条件。

⑤实现与家居生活有关的便捷服务信息的互联互通。

98. 什么是智能小区？智能小区有哪些业务功能？

答：

智能小区是指通过采用先进通信技术，构造覆盖小区的通信网络，通过用电信息采集、用电服务、小区配电自动化、电动汽车充电、分布式电源、需求响应、智能家居等功能的实现及与小区公用设施的信息交互，对用户供用电设备、分布式电源等系统进行监测、分析和控制，实现小区供电智

能可靠、服务智能互动、能效智能管理，提升服务品质，提高终端用能效率，服务“三网融合”。

智能小区的业务功能包括核心功能和拓展功能两大类。其中核心功能是指智能小区中与电能输送、使用和服务相关的功能，主要包括用电信息采集、用电服务、小区配电自动化、需求响应、电动汽车充电和分布式电源；拓展功能是指充分利用智能小区的信息通信资源，实现核心功能以外的延伸性功能，主要包括服务“三网融合”和智能家居。

99. 《国家电网公司供电服务“十项承诺”》的内容是什么？

答：

❶城市地区：供电可靠率不低于99.90%，居民客户端电压合格率96%；农村地区：供电可靠率和居民客户端电压合格率，经国家电网公司核定后，由各省（自治区、直辖市）电力公司公布承诺指标。

❷提供24小时电力故障报修服务，供电抢修人员到达现场的时间一般不超过：城区范围45分钟；农村地区90分钟；特殊边远地区2小时。

❸供电设施计划检修停电，提前7天向社会公告。对欠电费客户依法采取停电措施，提前7天送达停电通知书，费用结清后24小时内恢复供电。

④严格执行价格主管部门制定的电价和收费政策，及时在供电营业场所和网站公开电价、收费标准和服务程序。

⑤供电方案答复期限：居民客户不超过 3 个工作日，低压电力客户不超过 7 个工作日，高压单电源客户不超过 15 个工作日，高压双电源客户不超过 30 个工作日。

⑥装表接电期限：受电工程检验合格并办结相关手续后，居民客户 3 个工作日内送电，非居民客户 5 个工作日内送电。

⑦受理客户计费电能表校验申请后，5 个工作日内出具检测结果。客户提出抄表数据异常后，7

个工作日内核实并答复。

⑧当电力供应不足，不能保证连续供电时，严格按照政府批准的有序用电方案实施错避峰、停限电。

⑨供电服务热线“95598”24 小时受理业务咨询、信息查询、服务投诉和电力故障报修。

⑩受理客户投诉后，1 个工作日内联系客户，7 个工作日内答复处理意见。

100. 国家电网公司的企业精神是什么？

答：

努力超越，追求卓越。